BIG ROBOT ACTIVITY BOOK

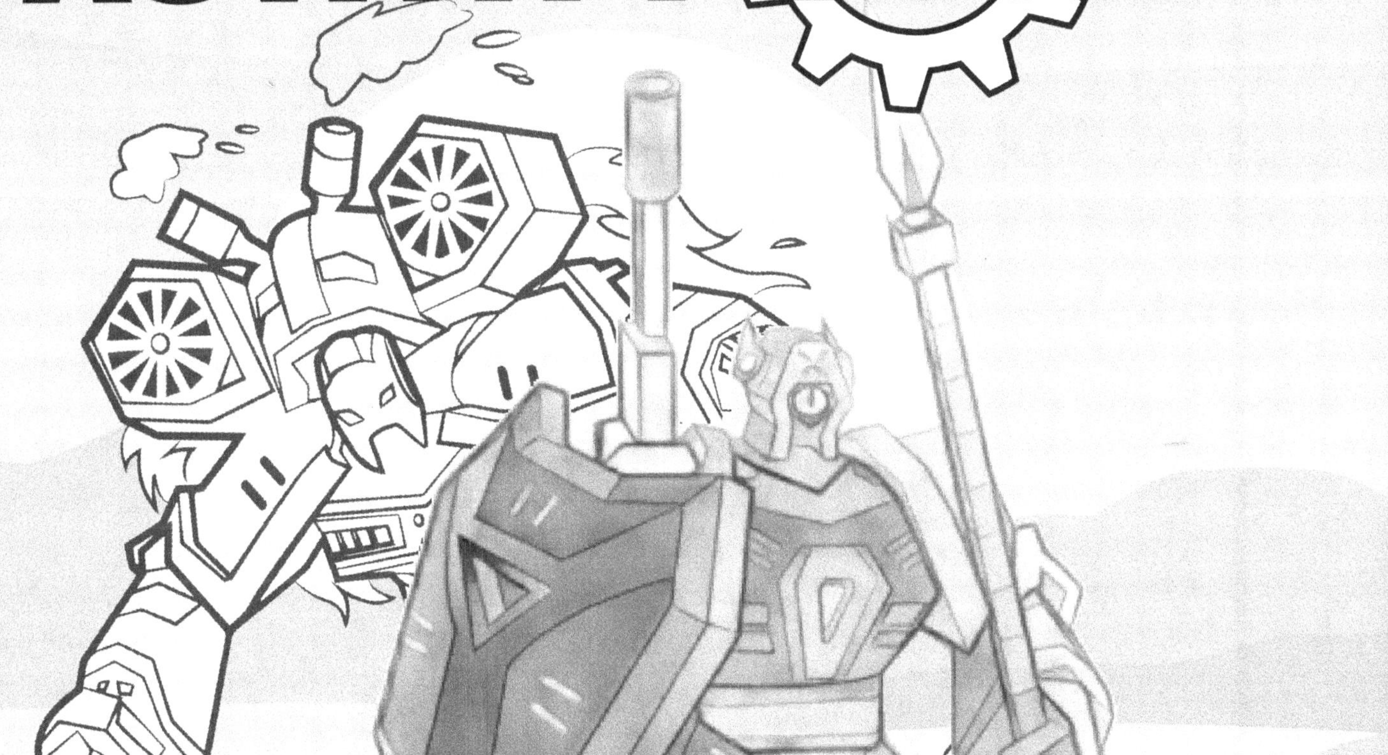

ZAGS PRESS

FOR KIDS AGES 3-8

This Book Belongs to

_ _ _ _ _ _ _ _ _ _

COPYRIGHT©ZAGS PRESS ALL RIGHTS RESERVED.

```
C B I O E L B X M V C N T F O R
B Q U J X V E H P O A Y N A M X
N B A X F J O K A Y D Z S V A E
Q J M M A S O W M X P N D A R N
X S H G R O B Y C P O N W S G I
K I H O J V O M J T T V A J O H
A Q O G H B X P A L U T T R R C
M J D V V T Q M L R H V D E P A
X F I N C S O D H F V M M Z R M
N B O R T T G O L E M E D X E A
S B R I U O Z B N K S Y S V T D
Q U D A R R O T A L U M I S U M
A H N Q O P A K C L V D F U P M
D E A I V T Y B Z X K A U G M B
V C M O I T D Y Z K X T N M O K
D R F B E K T L A H Q W V J C F
```

AUTOMATON
SIMULATOR
CYBORG
ANDROID
GOLEM
COMPUTER PROGRAM
MACHINE

Can you find the 5 differences in these two pictures?

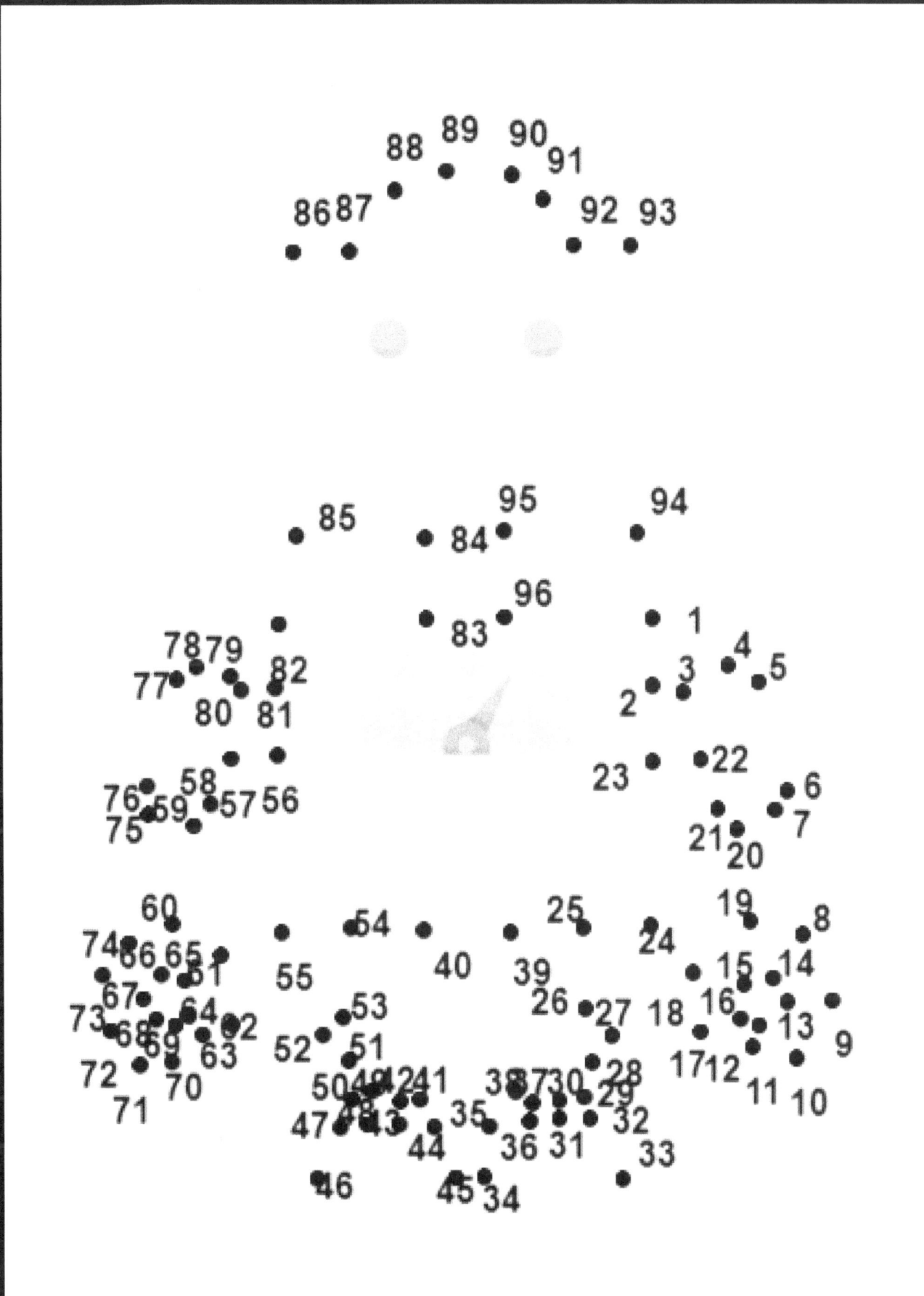

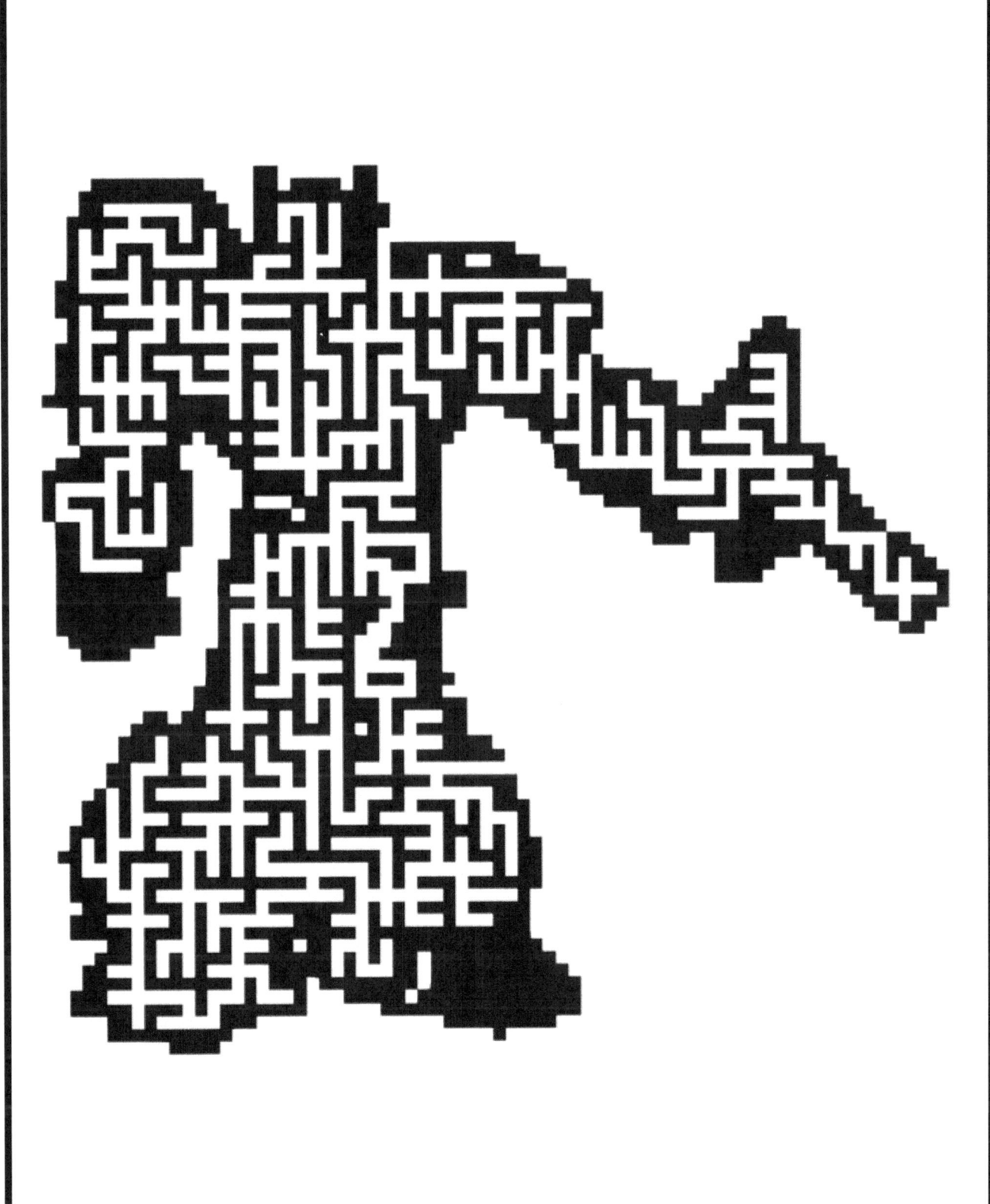

```
I I I S B R L K K P C J H I H I
F P N O G L H D X W K E C G L T
I B H D S I M U L A T E X A Q G
Z O T Y U C N D O W R Q H M S G
D W K H P S O C D D O Y T M R Y
B P I I Z E T J B O E Q N H W Q
U D M U D N U R F A F P T Y Q H
W S S A D E N T I D G B R D P M
U J K Z K I V H O A K W J O X X
L Z G F H N O I A B L R P R T W
X C S O Z A J N C Z L R R Q R W
L Y N O C U L W A E U V O U C U
O D J P J T U G D M P H B B J E
C F B M I T A E V J U E H X O X
G F U Z H Q M K J L C H B S R T
Q Y K N Y D Q S G G M E C H A B
```

TORPEDO
BOT
DEVICE
INDUSTRIAL ROBOT
HUMANOID
SIMULATE
MECHA

Which image is the odd one out?

ISPY

How many do you see?

 ___  ___  ___

 ___  ___  ___ 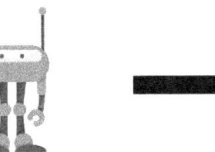 ___

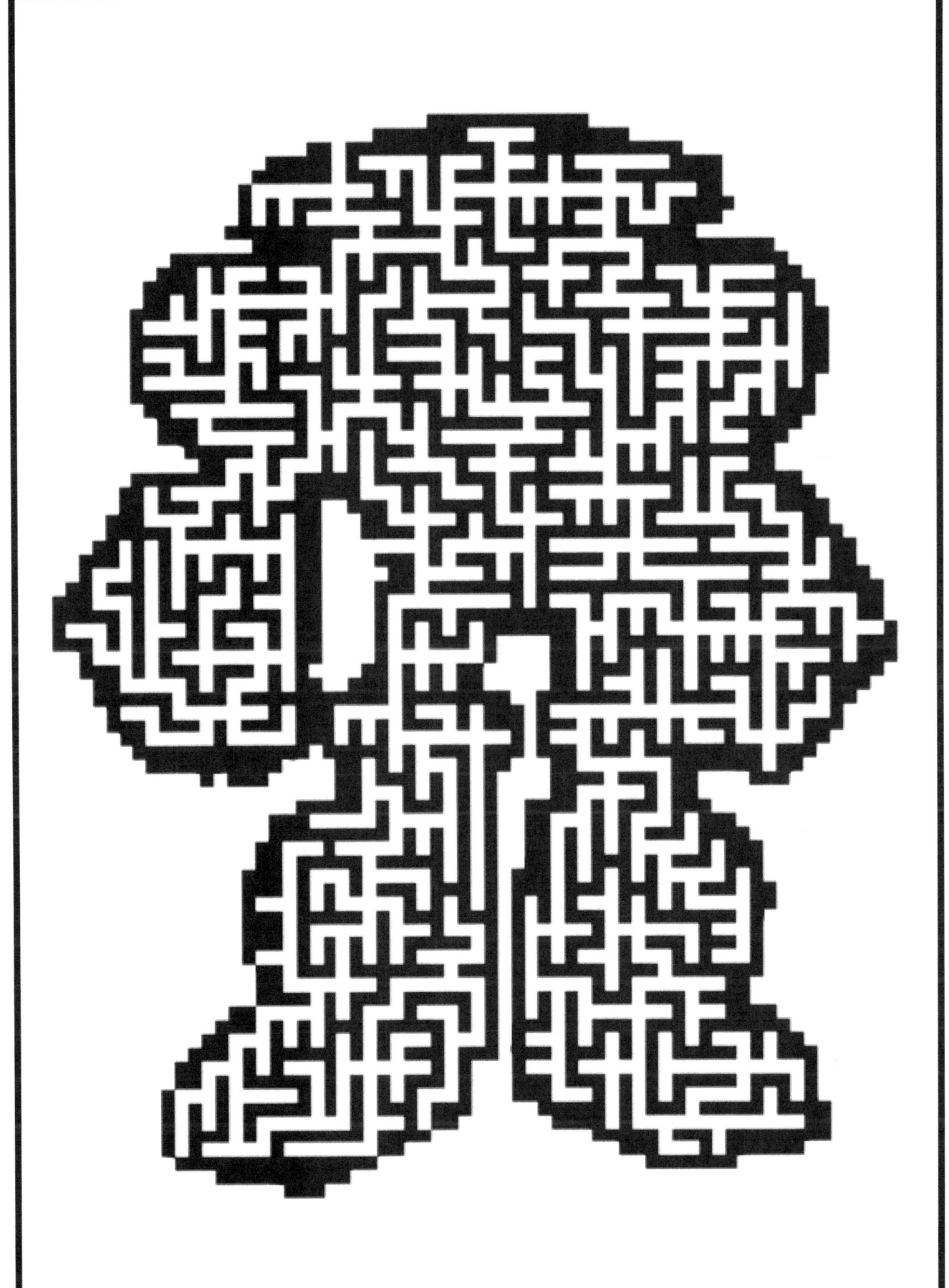

```
I U P E P I Q Y W E T A M I N U
N U E L Z P R H V S F F J P L R
S S G E J R T K U D P G C E Z J
X P N C W Z A L N N P O F R C I
B A S T N B P Y R U A C F S D X
U C V R A J A E Z O K X O P J L
O E T O N Y H F R S I R F A X G
T S N M O S G E R D V Q S C C K
K H I E R Q R P F B V Q H E G I
D I X C O O F Y H G P D M C O W
Z P Q H B Q Y T A T I Z H R O T
E N A A O M W O F F G K V A W S
B S P N T V Y T K U H U I F S X
Y A F I I M D O L K G X O T X R
Y S T C C F B R S P O D C S H M
I Z N S S Z C P C F B I Q I W J
```

NANOROBOTICS
ELECTROMECHANICS
UNIMATE
SPACESHIP
PROTOTYPE
SPACECRAFT
POD

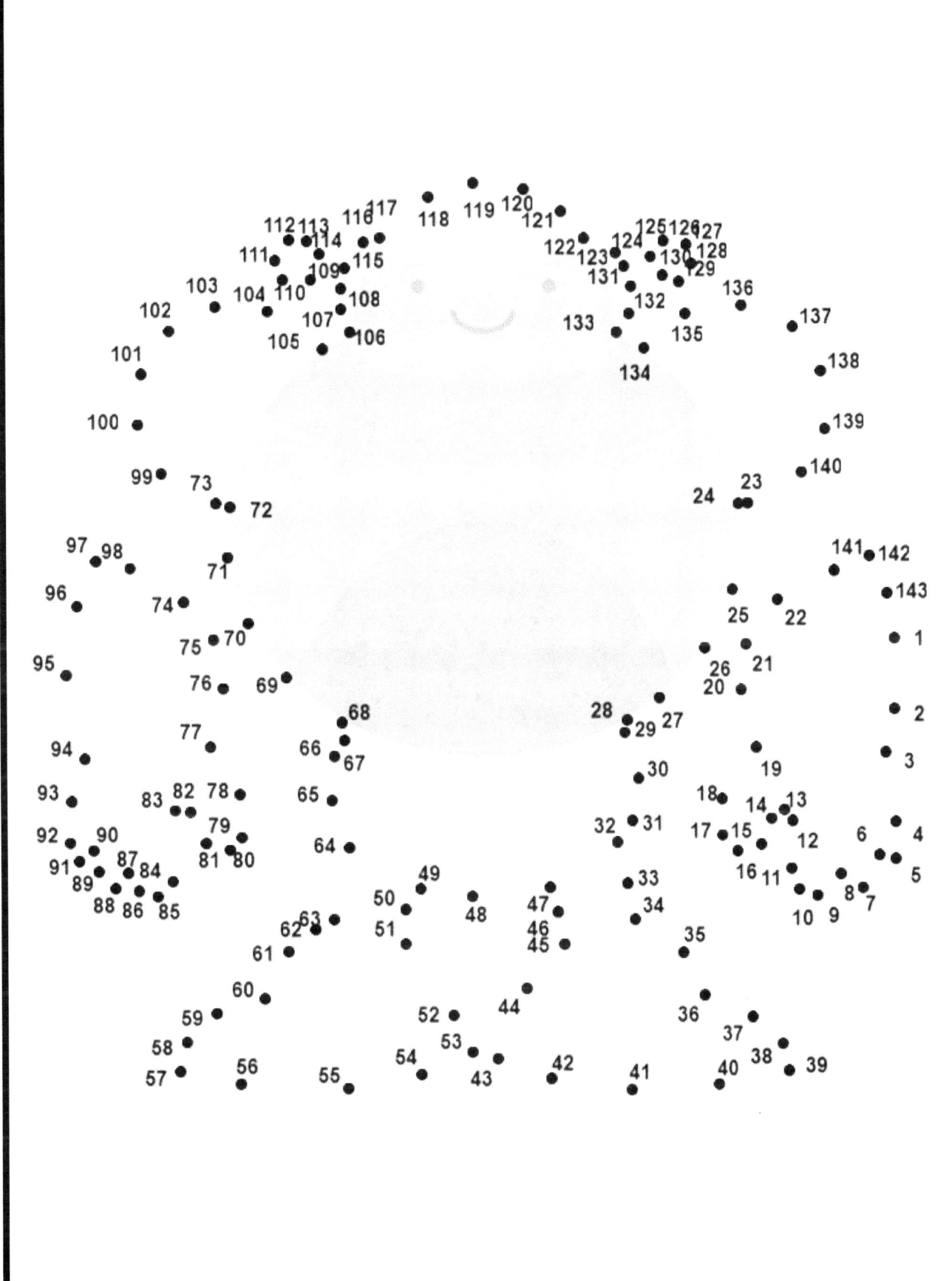

Which image is the odd one out?

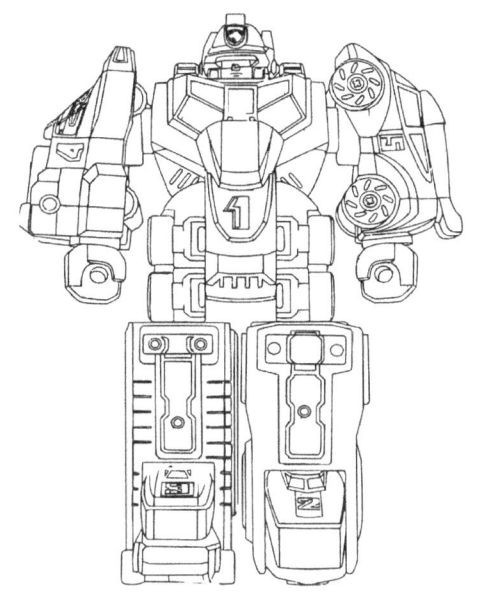
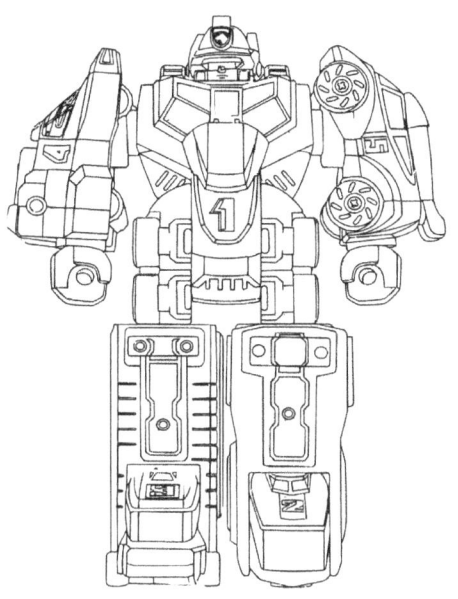
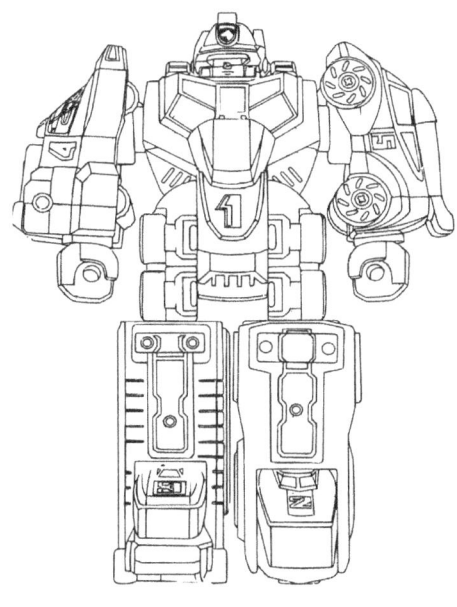
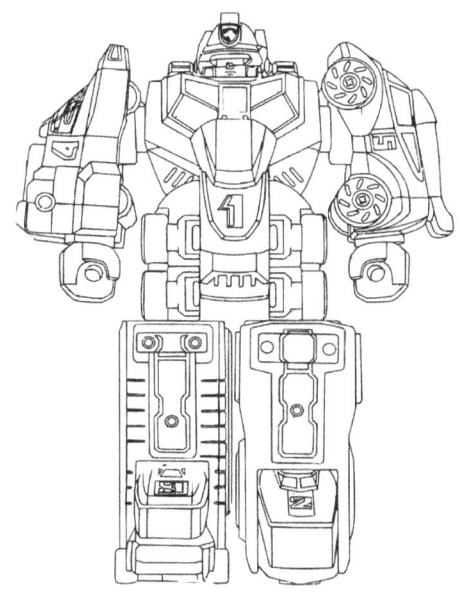

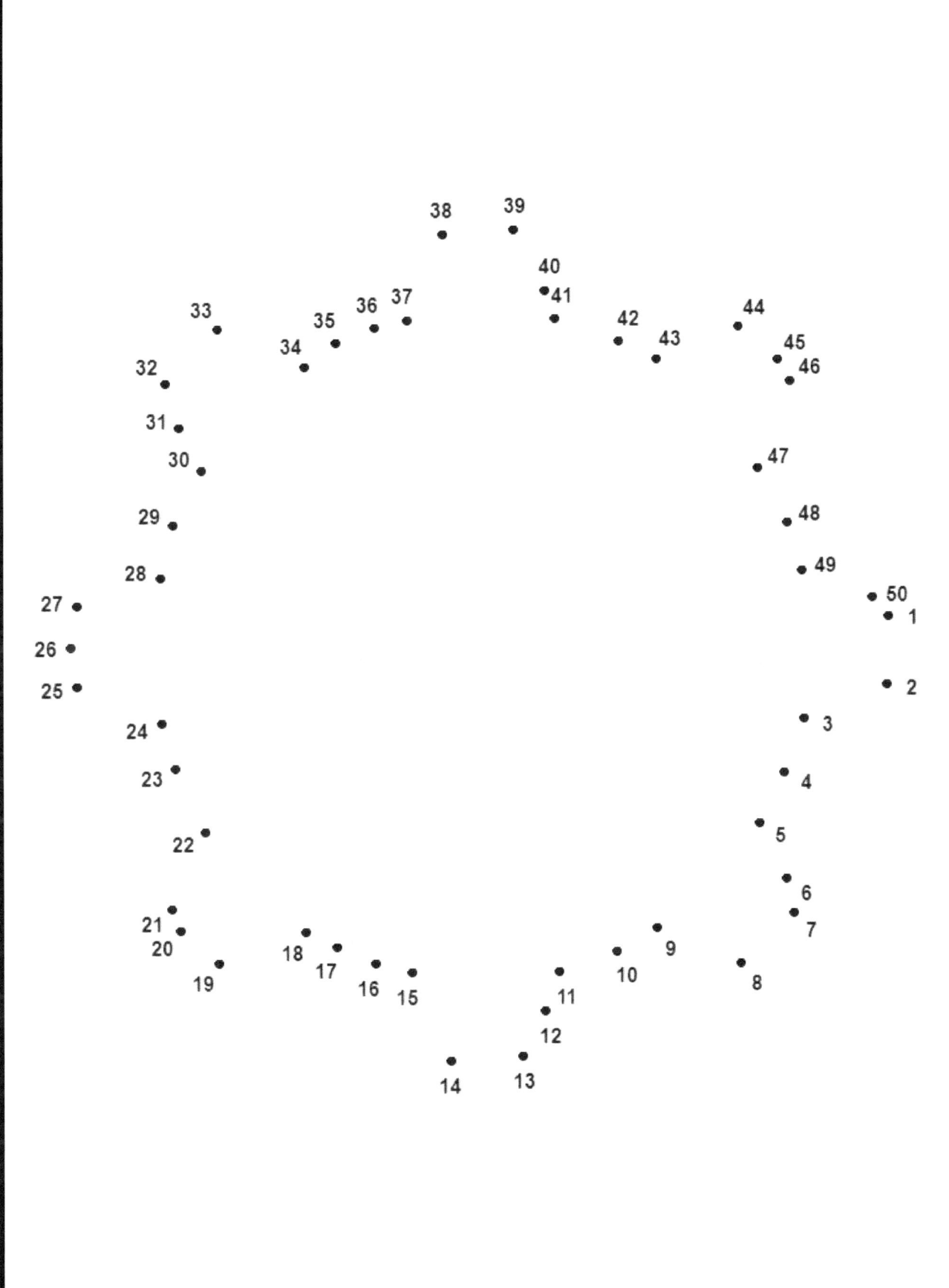

Can you find the 5 differences in these two pictures?

ISPY

How many do you see?

 _____  _____  _____

 _____  _____  _____

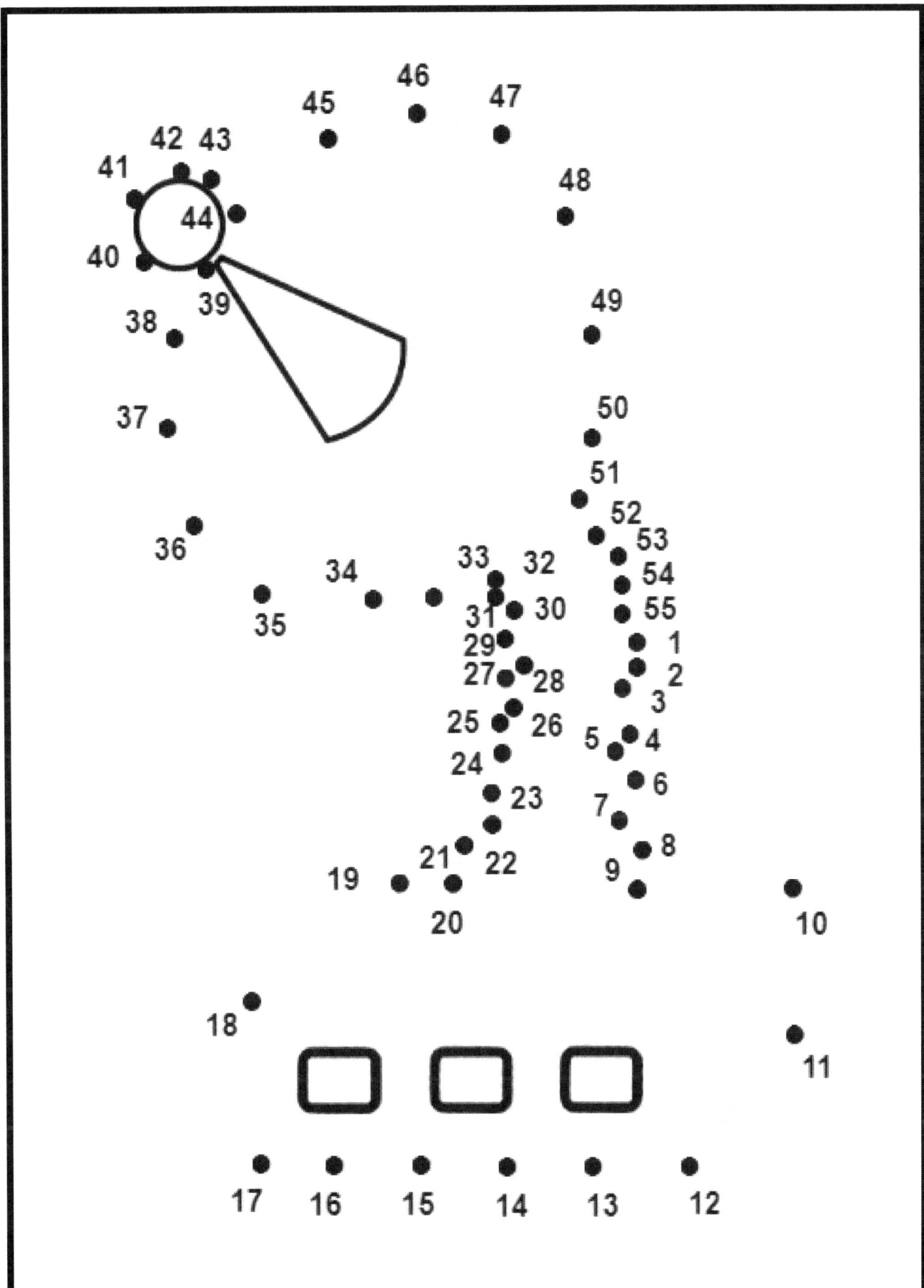

```
V C M E Z R L X X U L G G G S P
G Y K A V R M U C Y N J A Y K U
P E A H C T O Z V O T D P L N D
X F B O L H L B I V G V P M G U
P S A F A M I T O E A Y N L K I
E J V A R Q P N T T Q K F W R B
K H C Q I A C W E W I P U T H N
Y Z W J R M P X S S U C E E B V
X V D T D B C Z S E E N W Q O B
X I N R Y D A Z E K A G C P U I
A O U F H S A P L L U K S B J O
C T I L O M C I P Q Z Y Z D J N
V H J W A C Y J Q C Z P T J J I
Y G P Y C X X W I V I M V I S C
R O T N V B R U G D E O G T Q A
T N O O I I P I K K C S M H A F
```

ROBOTIC
PLANET
CONTRAPTION
GADGET
BIONIC
MACHINES
AI

Cut and combine parts to form a robot

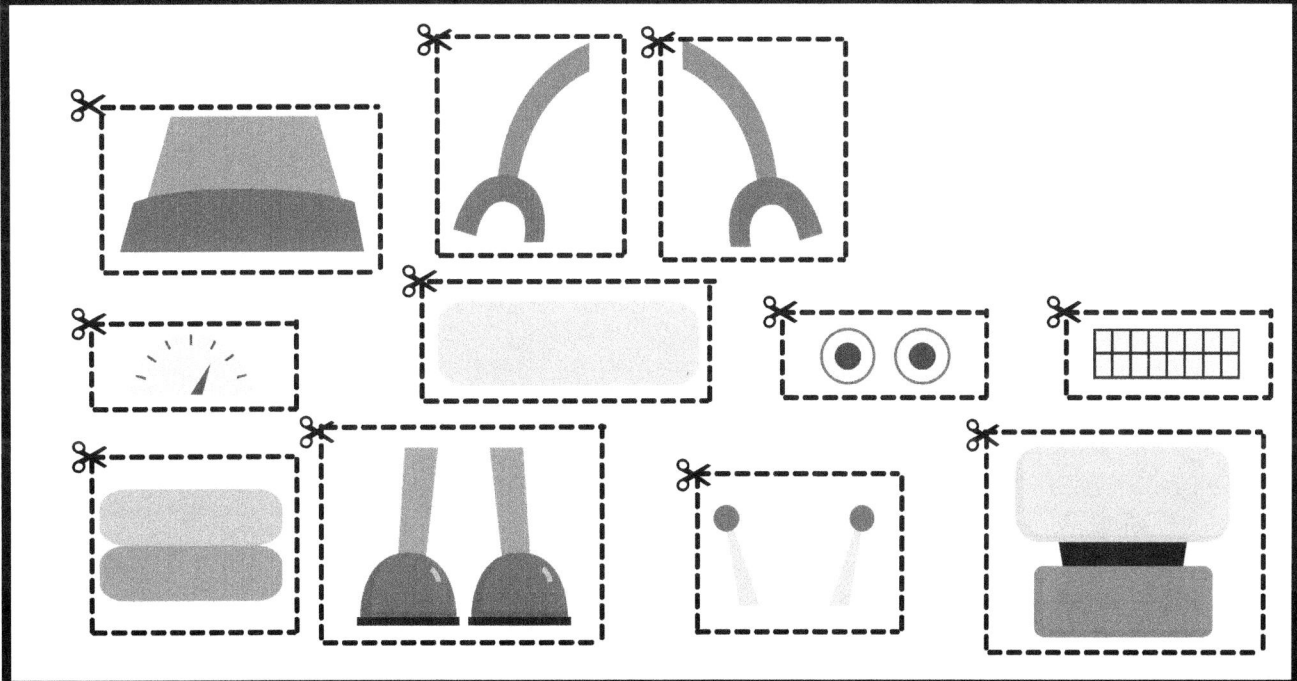

Can you find the 5 differences in these two pictures?

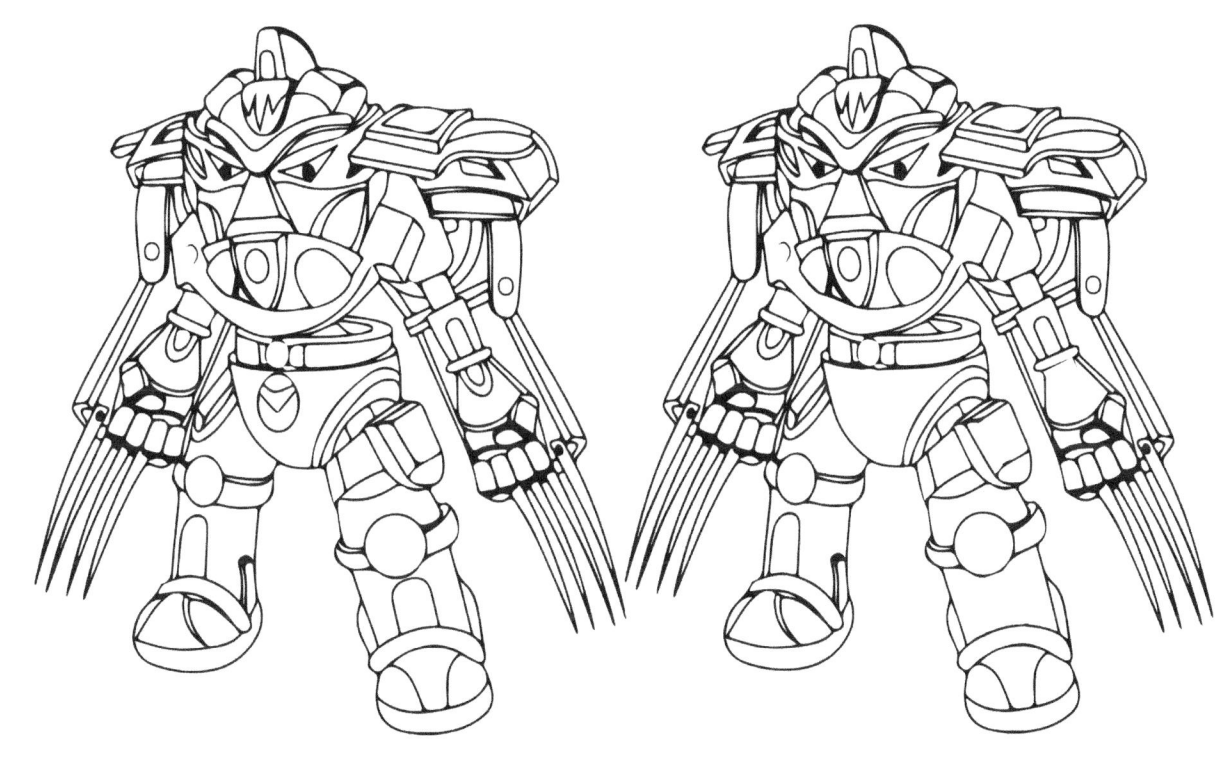

ISPY

How many do you see?

Cut and combine parts to form a robot

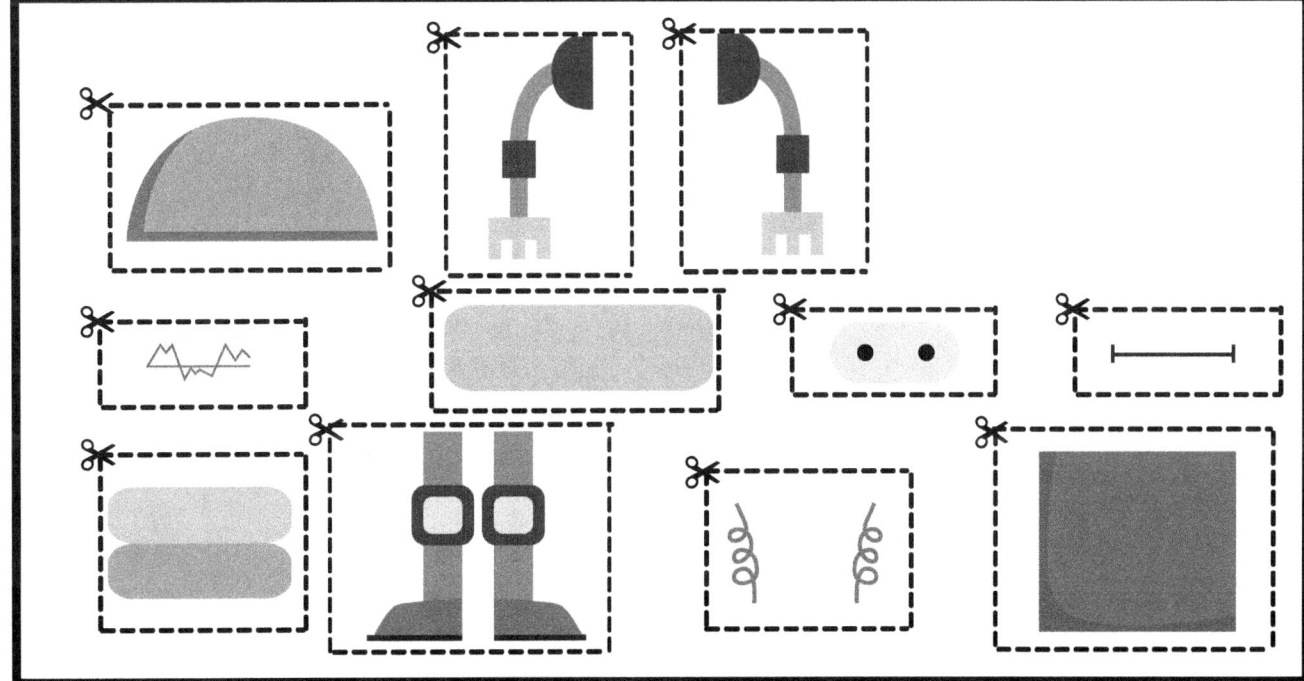

Which image is the odd one out?

```
C C I T S I R U T U F U P P S N
F I C T I O N H L J D C C Y W A
U B V S S A W A R R I O R W U M
H V M C A Z J G Y Y P F Z F D A
L R P I C N V S J Q U I Z L D C
K Q A T V G X X K V C W U D U H
W Y P O H U V L E X A U A W E I
V Z U B T C F O B I S W O J T N
Z S I O D Q H S K T L F U C N E
P M B R I C U V O U A E G O O R
L E M E Y H Y E B J Y I P E Z Y
H A E L X N K V G G K W P P A C
I E L E C T R O N I C U O Y U R
S R B T X P Q S G F V C K B B K
R I C A N B E S B Q S Z O Q X N
Y Y U U B A R I X N N L R O Y L
```

TELEROBOTICS
ELECTRONIC
FICTION
MACHINERY
GEAR
WARRIOR
FUTURISTIC

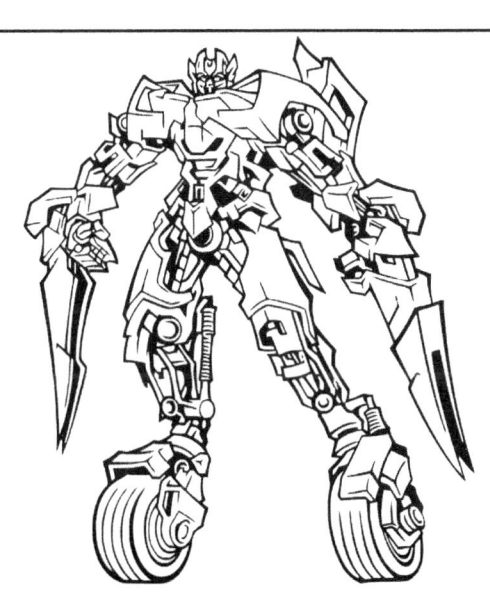

Cut and combine parts to form a robot

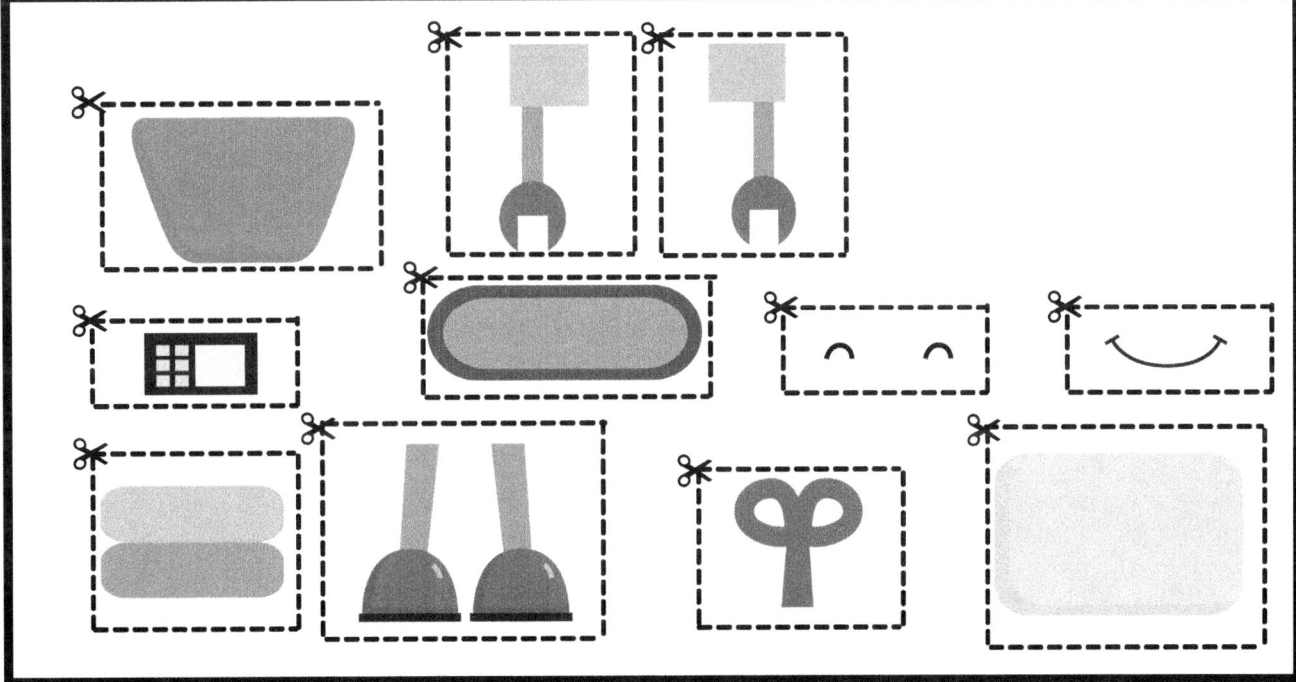

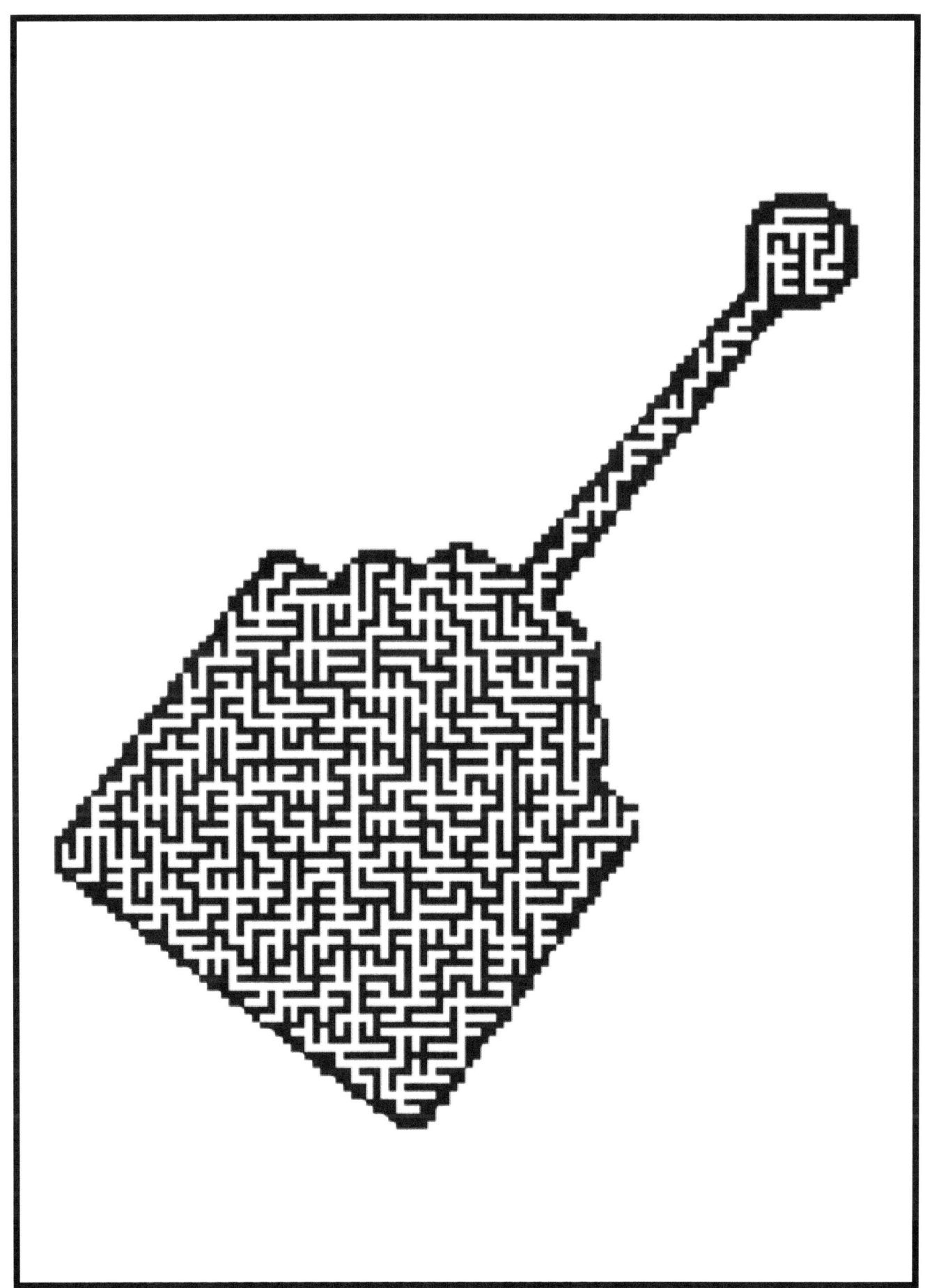

I hope you have enjoyed this Activity book.
i have a favor to ask you and it would mean the world for me as a publisher.
would you be kind enough to leave this book a review on amazon review page.
Thank you!

SCAN ME

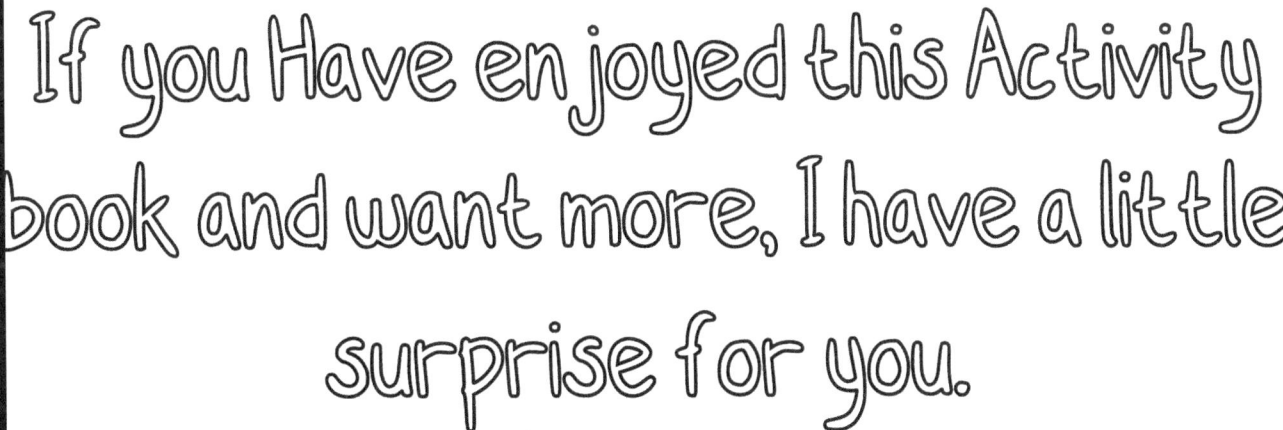

Hello there!

If you Have enjoyed this Activity book and want more, I have a little surprise for you.

Scan the QR code to claim your bonus!

MAZE Solutions

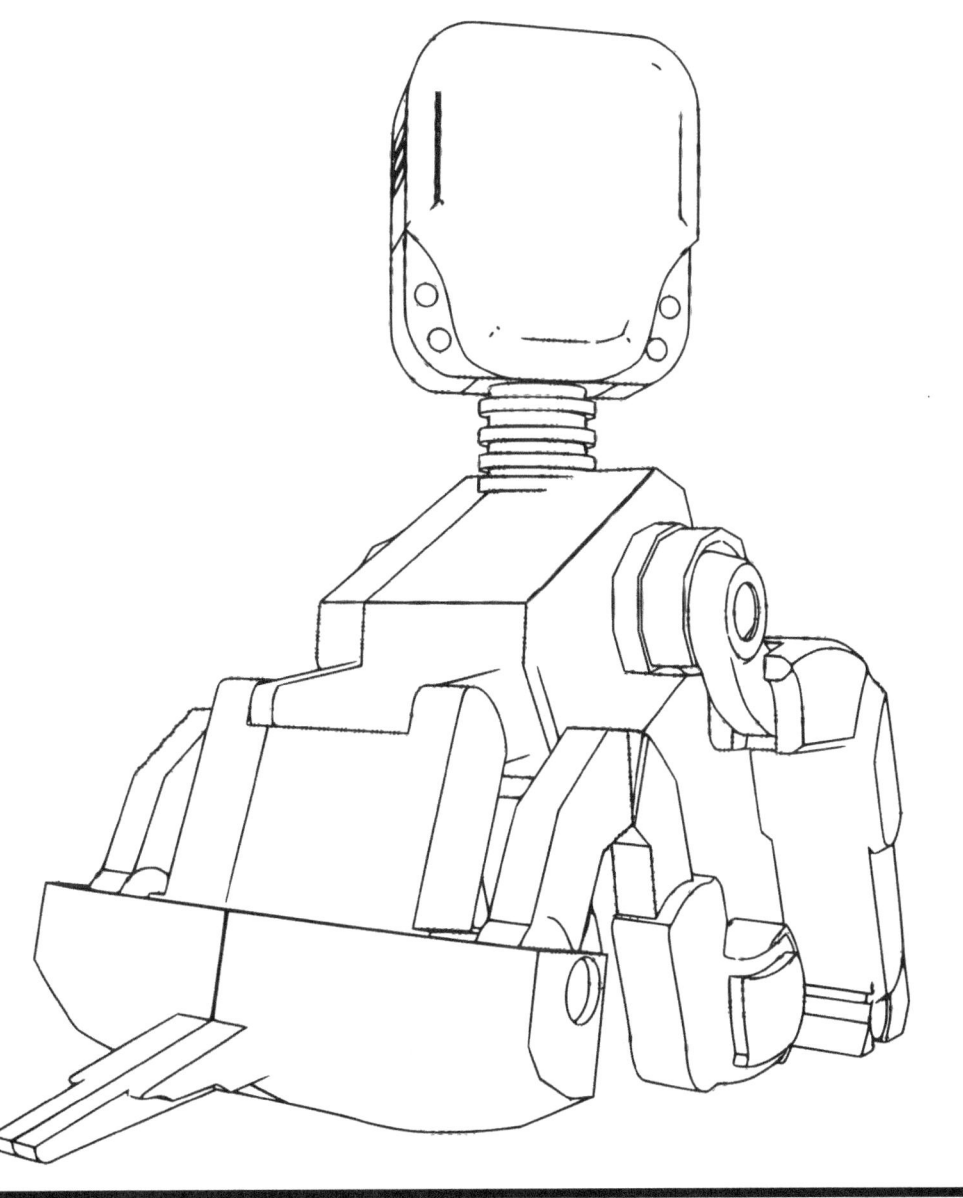

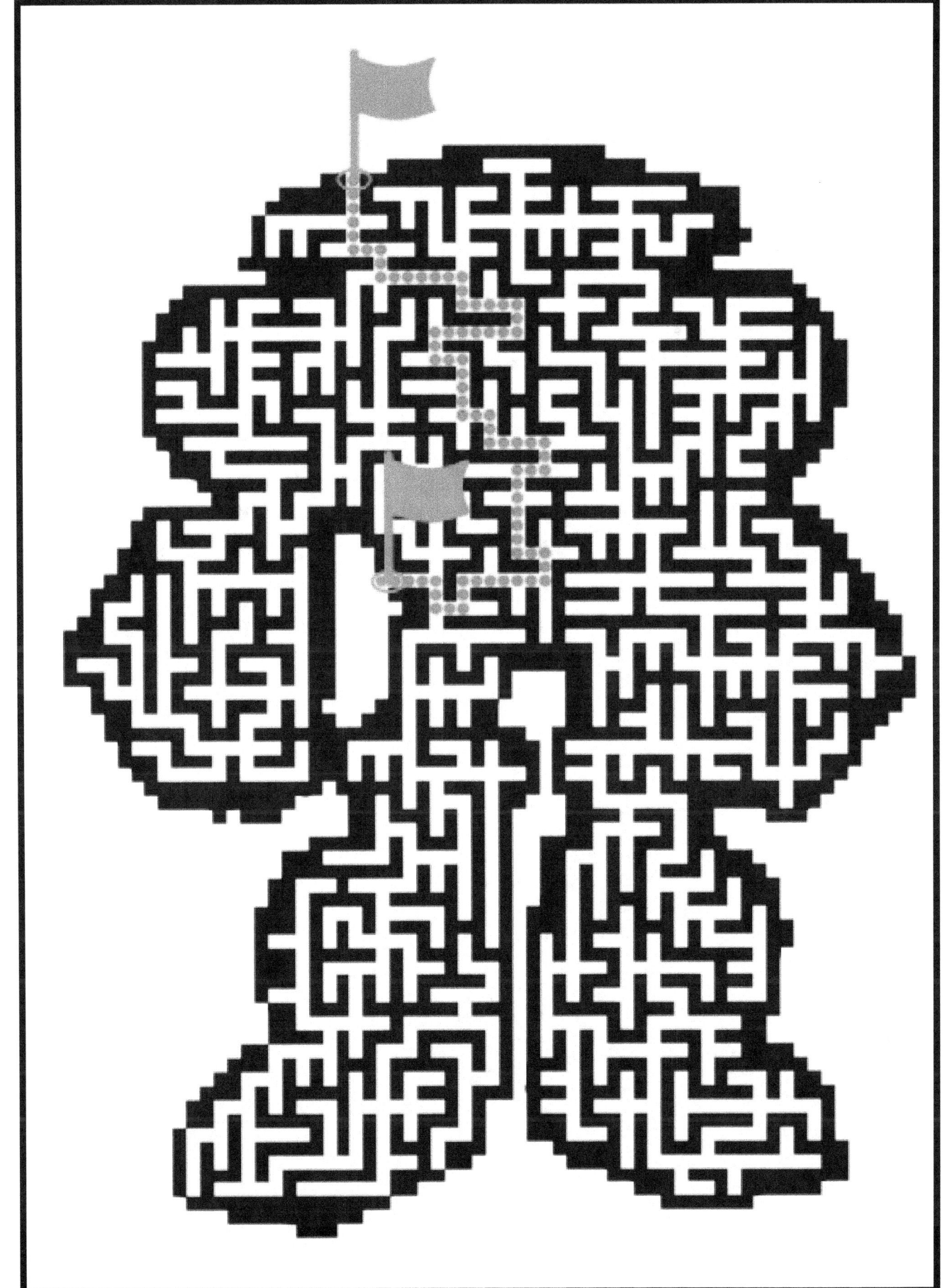

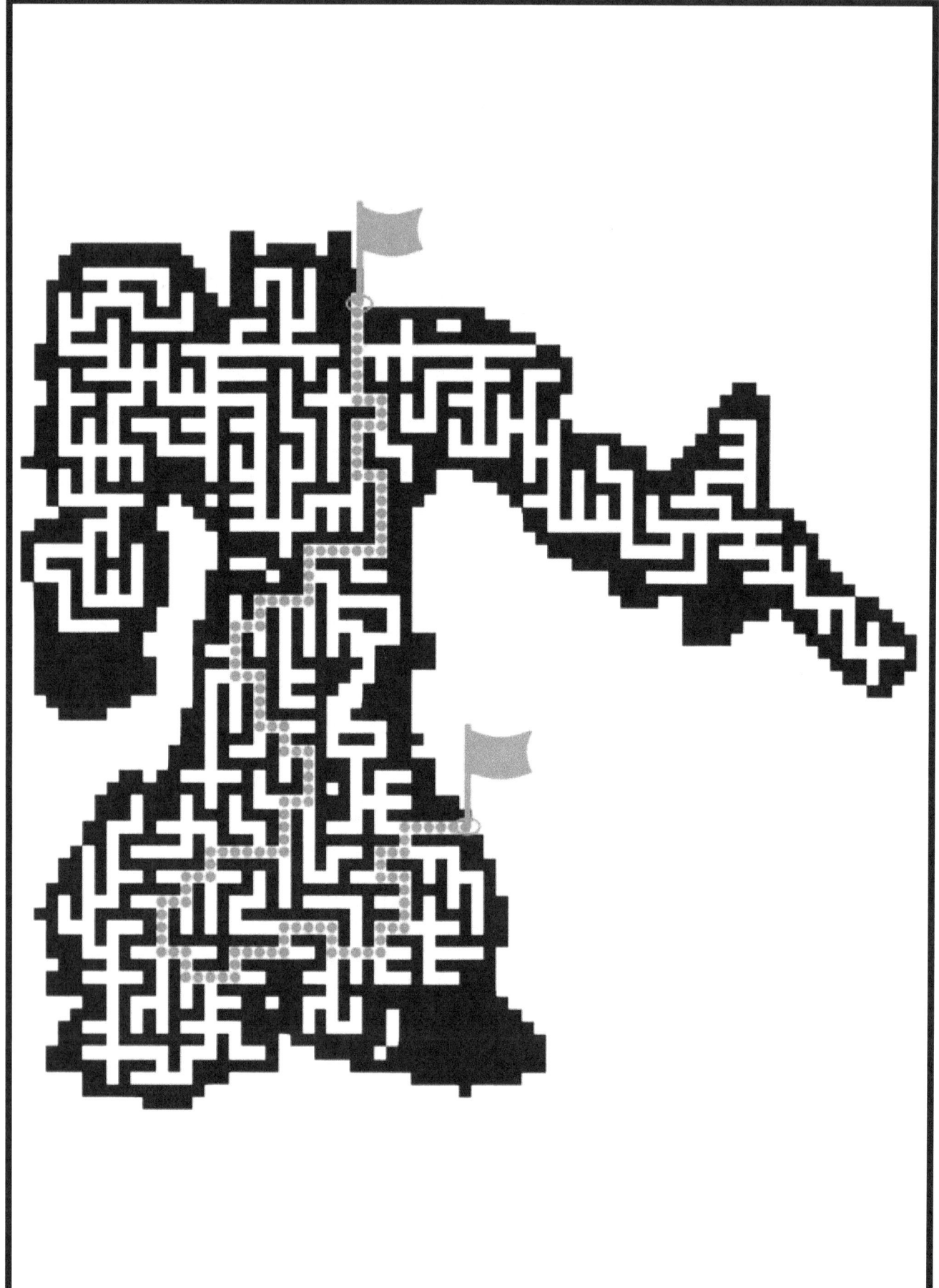

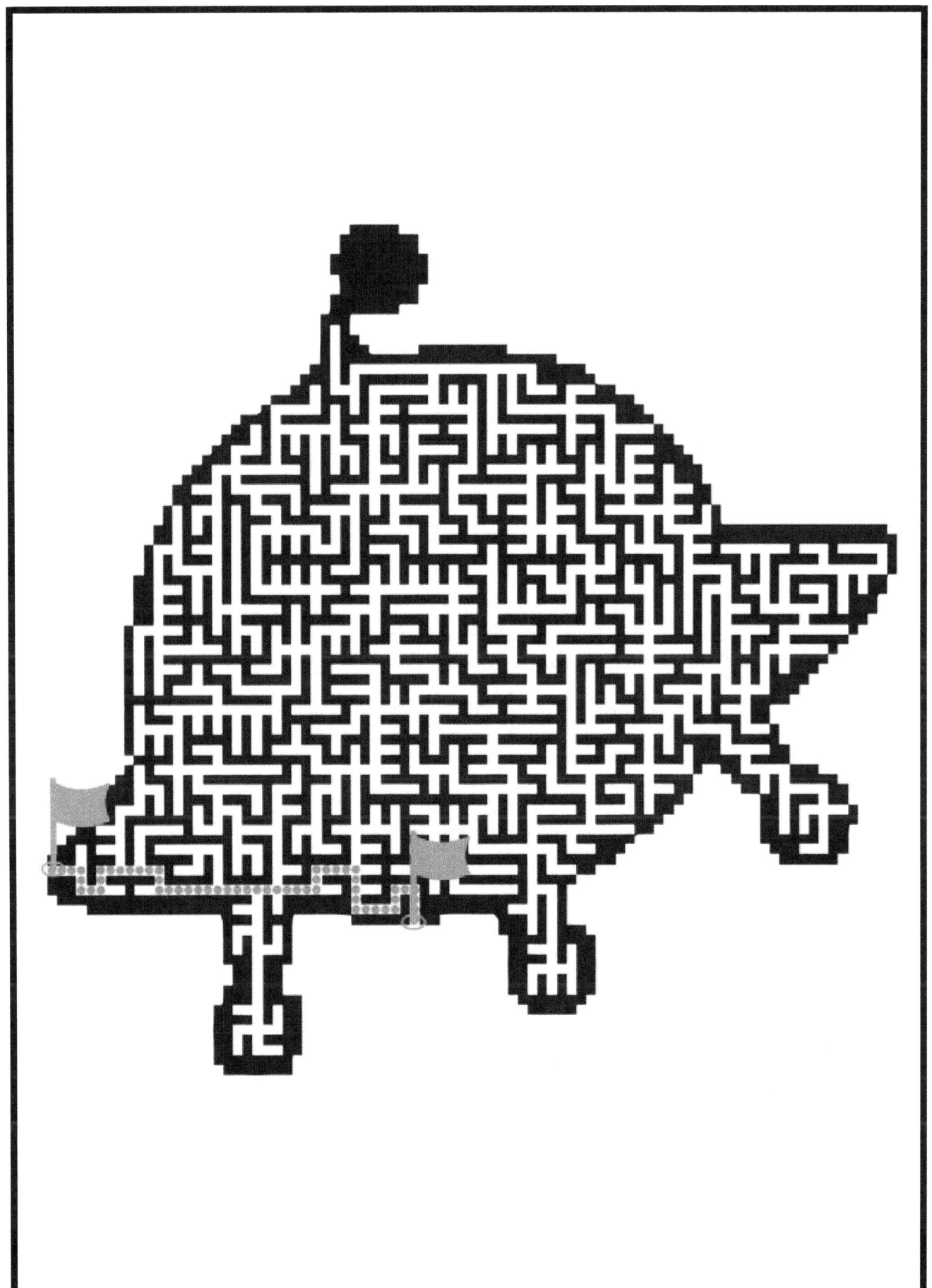

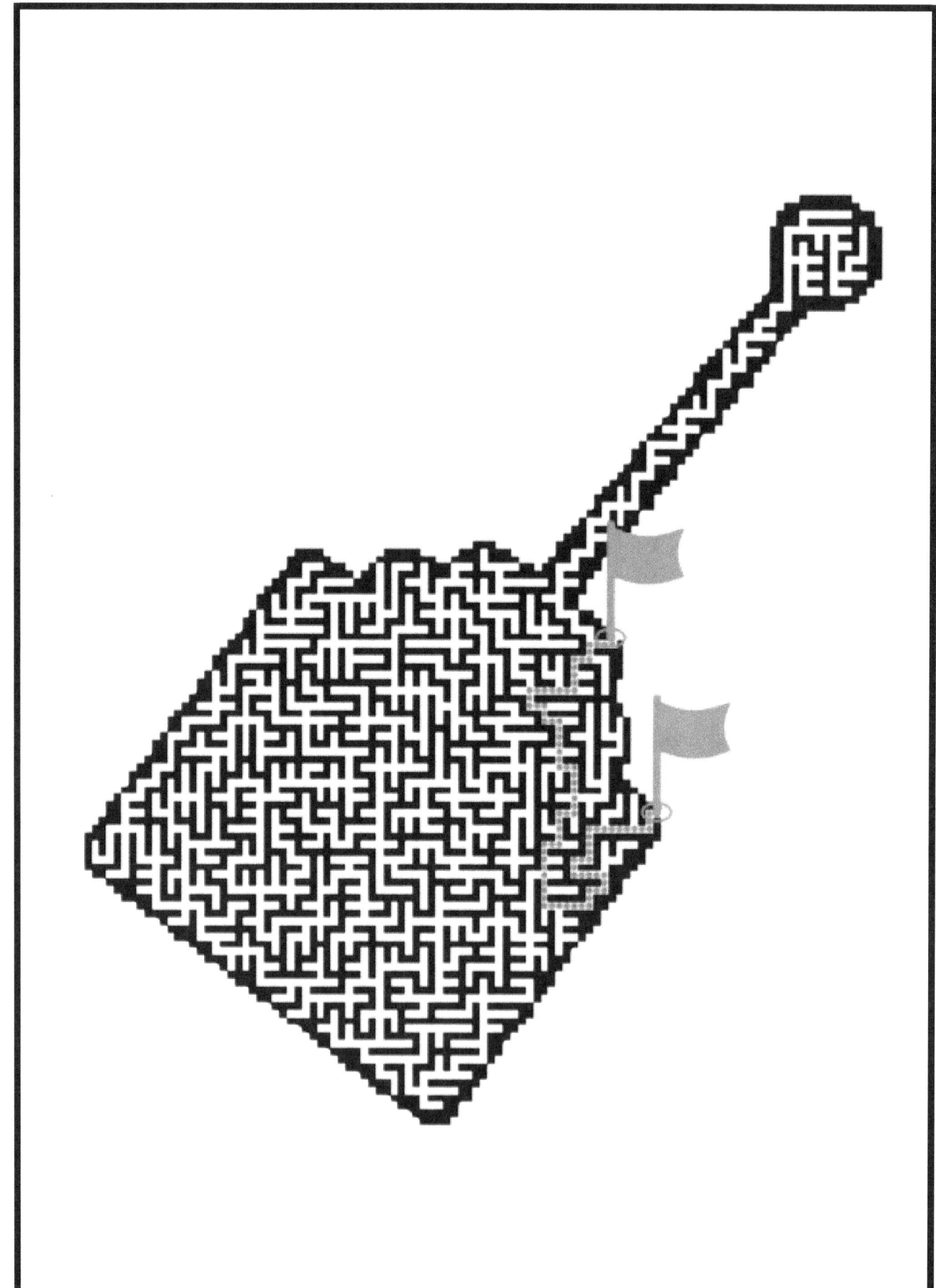

Odd one out & Find the difference

Solutions

Which image is the odd one out?

Which image is the odd one out?

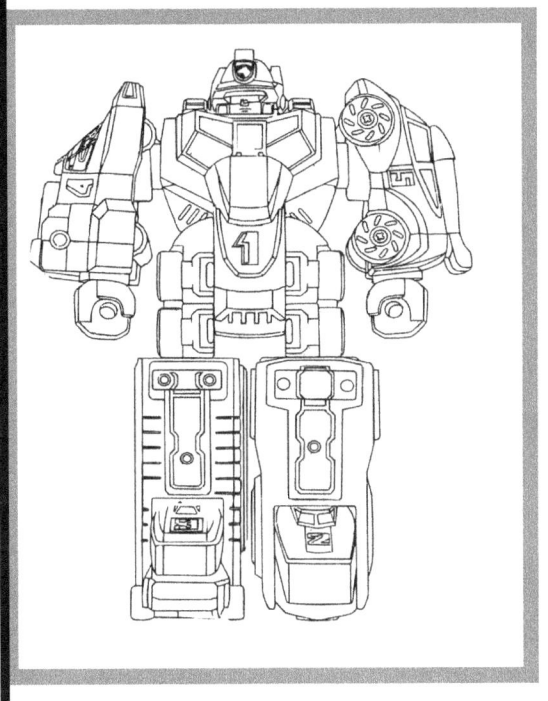
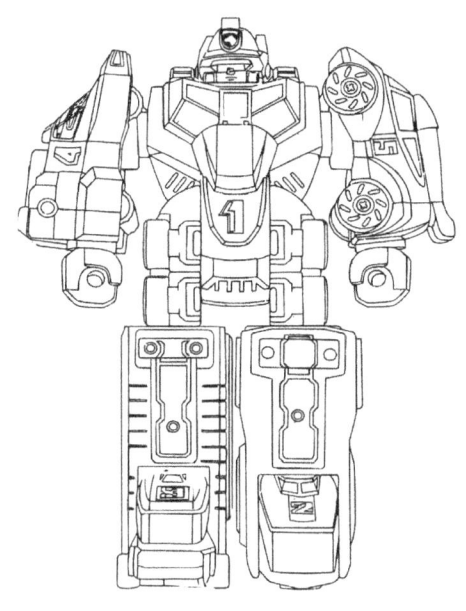
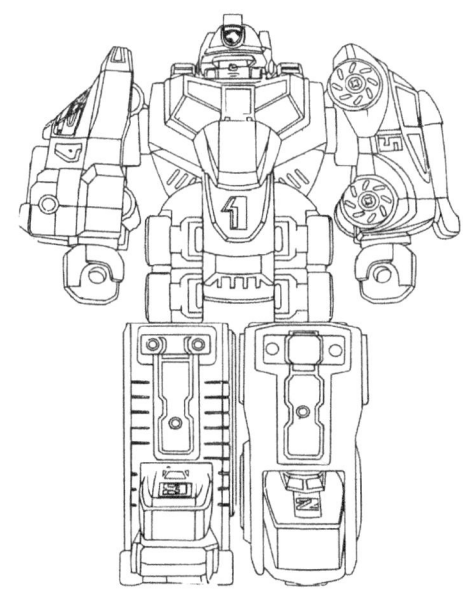
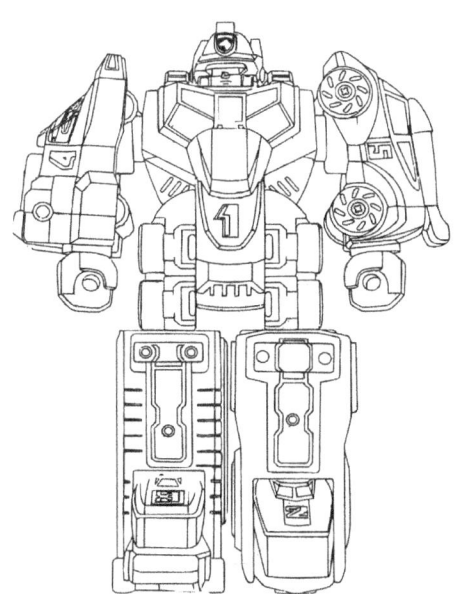

Which image is the odd one out?

Can you find the 5 differences in these two pictures?

Can you find the 5 differences in these two pictures?

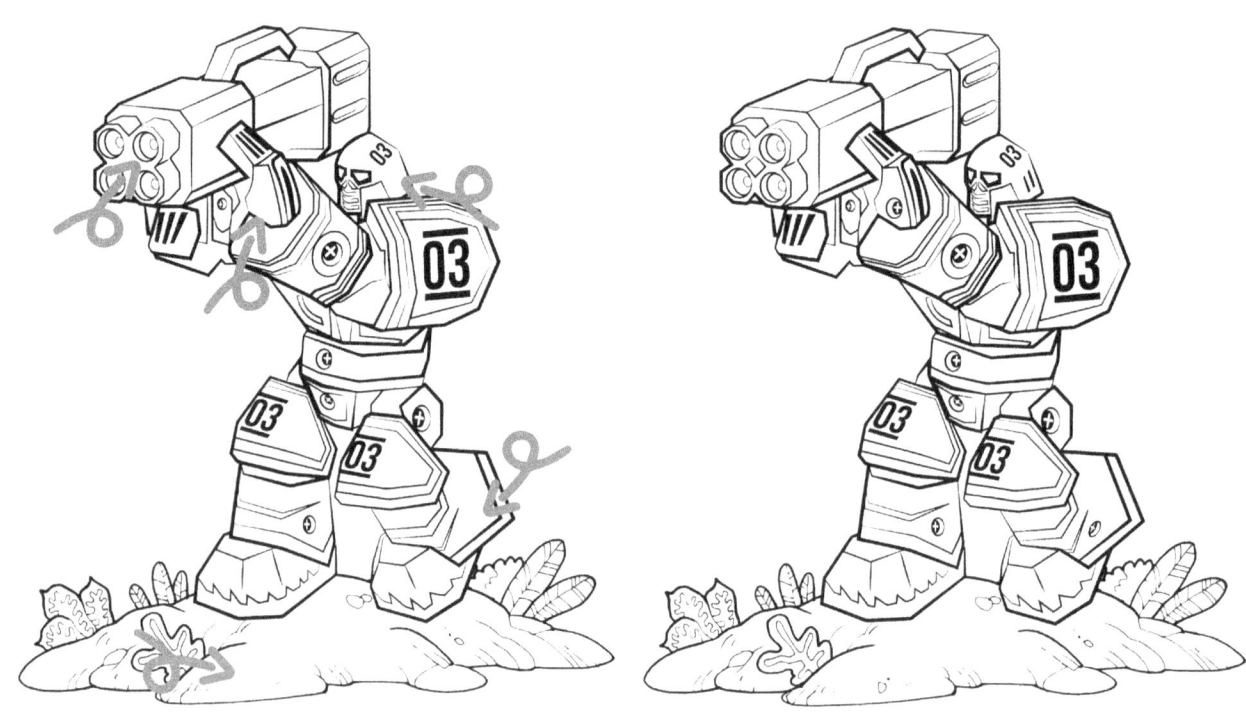

Can you find the 5 differences in these two pictures?

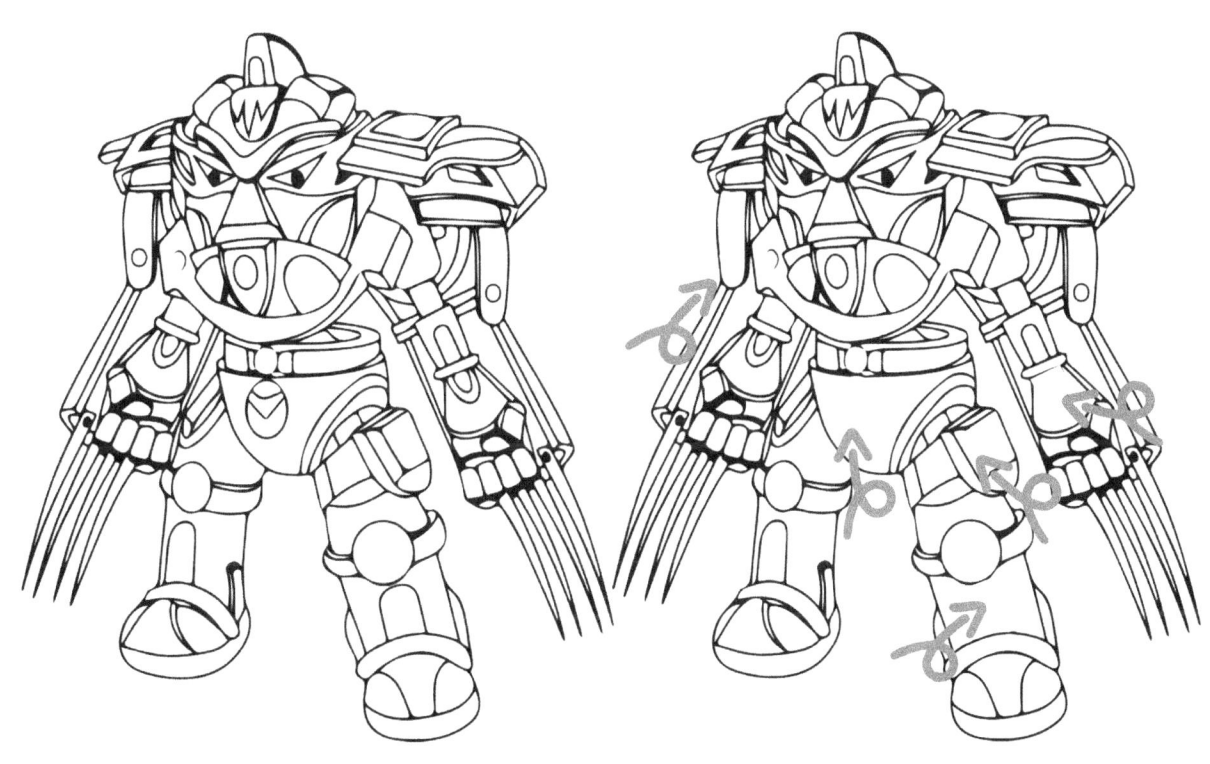

ISPY

Solutions

ISPY

How many do you see?

 7    8    10

 11    6    9

ISPY

How many do you see?

 8    5    6

 7    5    4

ISPY

How many do you see?

 4

 6

 7

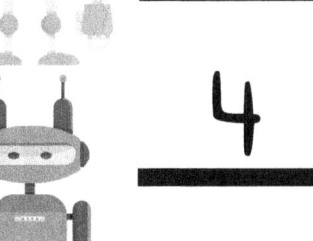 5

 4

 4

Word Search Solutions

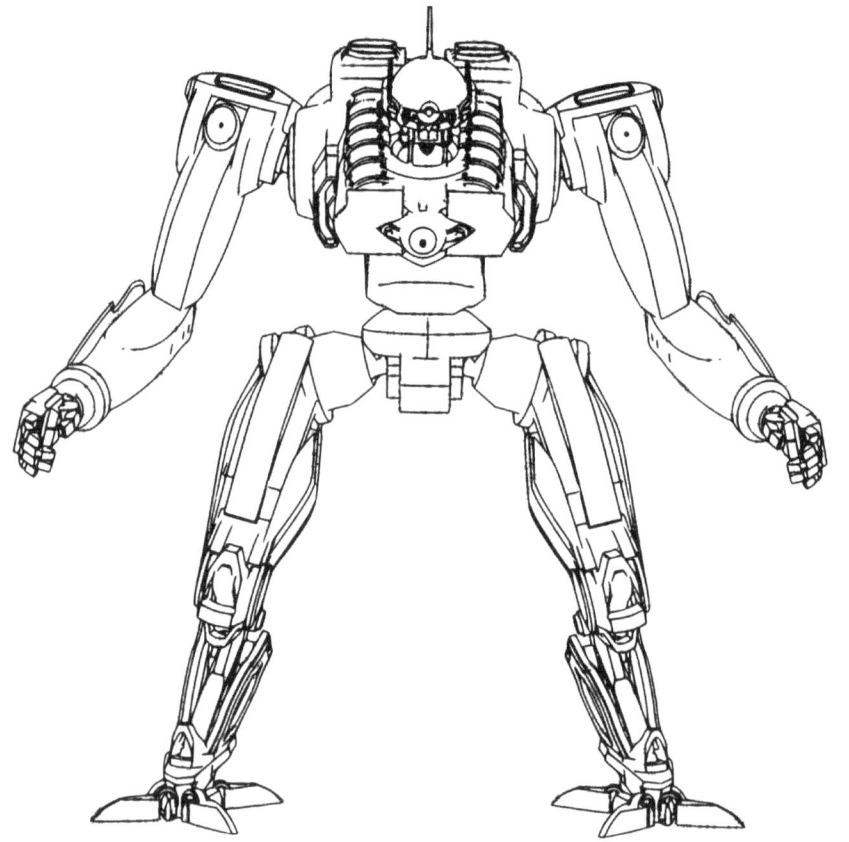

```
C B I O E L B X M V C N T F O R
B Q U J X V E H P O A Y N A M X
N B A X F J O K A Y D Z S V E
Q J M M A S O W M X P N D A R N
X S H G R O B Y C P O N W S G I
K I H O J V O M J T T V A J O H
A Q O G H B X P A L U T T R R C
M J D V V T Q M L R H V D E P A
X F I N C S O D H F V M M Z R M
N B O R T T G O L E M E D X E A
S B R I U O Z B N K S Y S V T D
Q U D A R R O T A L U M I S U M
A H N Q O P A K C L V D F U P M
D E A I V T Y B Z X K A U G M B
V C M O I T D Y Z K X T N M O K
D R F B E K T L A H Q W V J C F
```

I	I	I	S	B	R	L	K	K	P	C	J	H	I	I
F	P	N	O	G	L	H	D	X	W	K	E	C	G	T
I	B	H	D	S	I	M	U	L	A	T	E	X	A	G
Z	O	T	Y	U	C	N	D	O	W	R	Q	H	M	G
D	W	K	H	P	S	O	C	D	D	O	Y	T	M	R
B	P	I	I	Z	E	T	J	B	O	E	Q	H	W	Q
U	D	M	U	D	N	U	R	F	A	F	P	T	Y	H
W	S	S	A	D	E	N	T	I	D	G	B	D	P	M
U	J	K	Z	K	I	V	H	O	A	K	W	J	O	X
L	Z	G	F	H	N	O	I	A	B	L	R	P	R	W
X	C	S	O	Z	A	J	N	C	Z	L	R	R	Q	W
L	Y	N	O	C	U	L	W	A	E	U	V	O	U	U
O	D	J	P	J	T	U	G	D	M	P	H	B	J	E
C	F	B	M	I	T	A	E	V	J	U	E	H	X	X
G	F	U	Z	H	Q	M	K	J	L	C	H	B	R	T
Q	Y	K	N	Y	D	Q	S	G	G	M	E	C	H	B

I	U	P	E	P	I	Q	Y	W	E	T	A	M	I	N	U
N	U	E	L	Z	P	R	H	V	S	F	F	J	P	L	R
S	S	G	E	J	R	T	K	U	D	P	G	C	E	Z	J
X	P	N	C	W	Z	A	L	N	N	P	O	F	R	C	I
B	A	S	T	N	B	P	Y	R	U	A	C	F	S	D	X
U	C	V	R	A	J	A	E	Z	O	K	X	O	P	J	L
O	E	T	O	N	Y	H	F	R	S	I	R	F	A	X	G
T	S	N	M	O	S	G	E	R	D	V	Q	S	C	G	K
K	H	I	E	R	Q	R	P	F	B	V	Q	H	C	G	I
D	I	X	C	O	O	F	Y	H	G	P	D	M	R	O	W
Z	P	Q	H	B	Q	Y	T	A	T	I	Z	H	O	T	T
E	N	A	A	O	M	W	O	F	F	G	K	V	A	W	S
B	S	P	N	T	V	Y	T	K	U	H	U	I	F	S	X
Y	A	F	I	I	M	D	O	L	K	G	X	O	T	X	R
Y	S	T	C	C	F	B	R	S	P	O	D	C	S	H	M
I	Z	N	S	S	Z	C	P	C	F	B	I	Q	I	W	J

```
V C M E Z R L X X U L G G G S P
G Y K A V R M U C Y N J A Y K U
P E A H C T O Z V O T D P L N D
X F B O L H L B I V G V P M G U
P S A F A M I T O E A Y N L K I
E J V A R Q P N T T Q K F W R B
K H C Q I A C W E W I P U T H N
Y Z W J R M P X S S U C E E B V
X V D T D B C Z S E E N W Q O B
X I N R Y D A Z E K A G C P U I
A O U F H S A P L L U K S B J O
C T I L O M C I P Q Z Y Z D D N
V H J W A C Y J Q C Z P T J J I
Y G P Y C X X W I V I M V I S C
R O T N V B R U G D E O G T Q A
T N O O I I P I K K C S M H A F
```

C	C	I	T	S	I	R	U	T	U	F	U	P	P	S	N
F	I	C	T	I	O	N	H	L	J	D	C	C	Y	W	A
U	B	V	S	S	A	W	A	R	R	I	O	R	W	U	M
H	V	M	C	A	Z	J	G	Y	Y	P	F	Z	F	D	A
L	R	P	I	C	N	V	S	J	Q	U	I	Z	L	D	C
K	Q	A	T	V	G	X	X	K	V	C	W	U	D	U	H
W	Y	P	O	H	U	V	L	E	X	A	U	A	W	E	I
V	Z	U	B	T	C	F	O	B	I	S	W	O	J	T	N
Z	S	I	O	D	Q	H	S	K	T	L	F	U	C	N	E
P	M	B	R	I	C	U	V	O	U	A	E	G	O	O	R
L	E	M	E	Y	H	Y	E	B	J	Y	I	P	E	Z	Y
H	A	E	L	X	N	K	V	G	G	K	W	P	P	A	C
I	E	L	E	C	T	R	O	N	I	C	U	O	Y	U	R
S	R	B	T	X	P	Q	S	G	F	V	C	K	B	B	K
R	I	C	A	N	B	E	S	B	Q	S	Z	O	Q	X	N
Y	Y	U	U	B	A	R	I	X	N	N	L	R	O	Y	L

Cut & Combine
Solutions

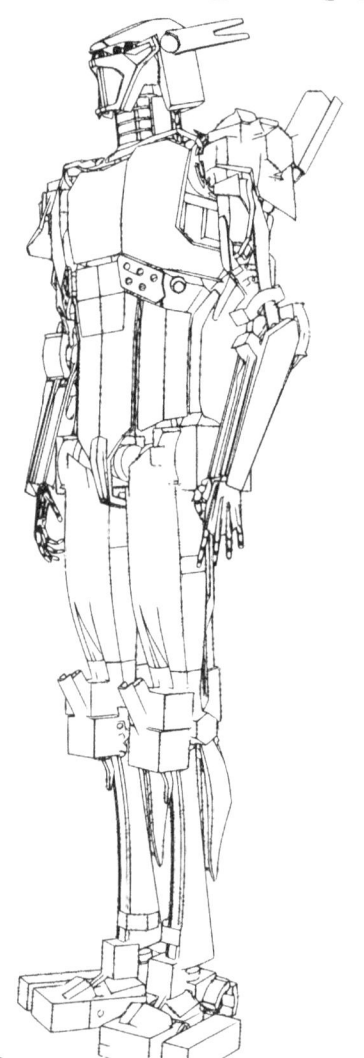

Cut and combine parts to form a robot

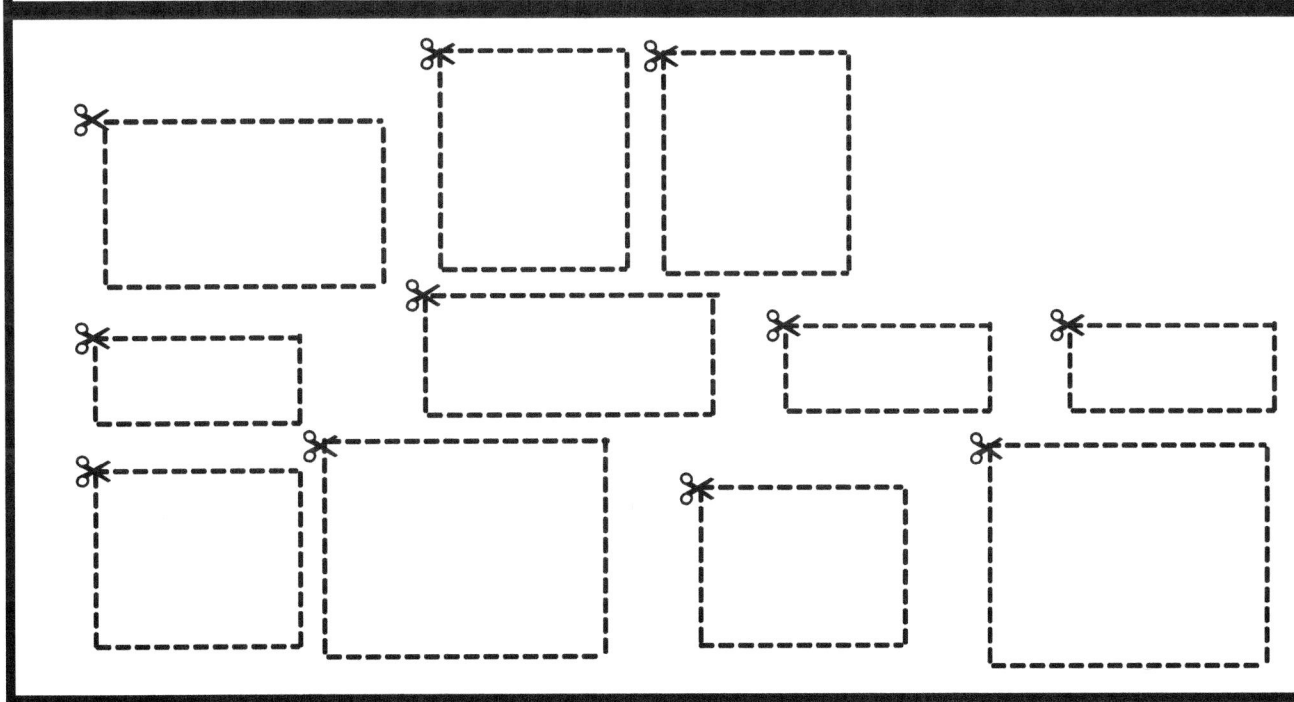

Cut and combine parts to form a robot

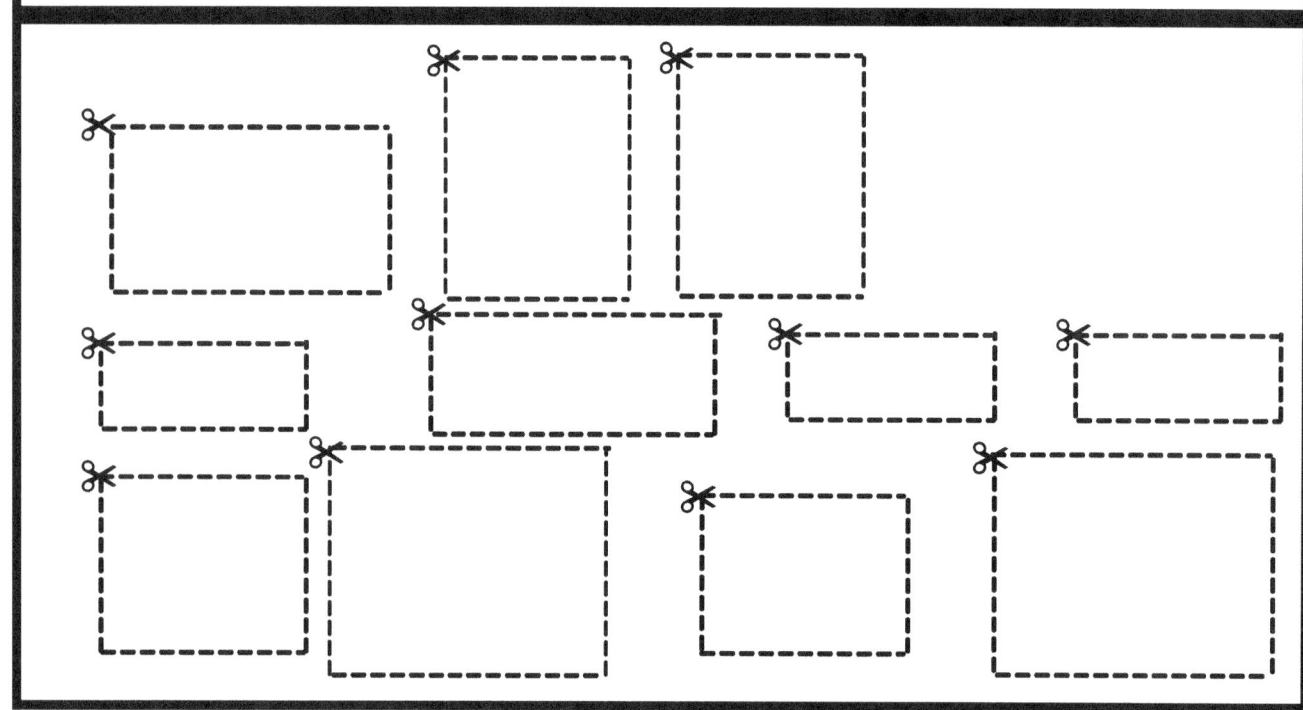

Cut and combine parts to form a robot

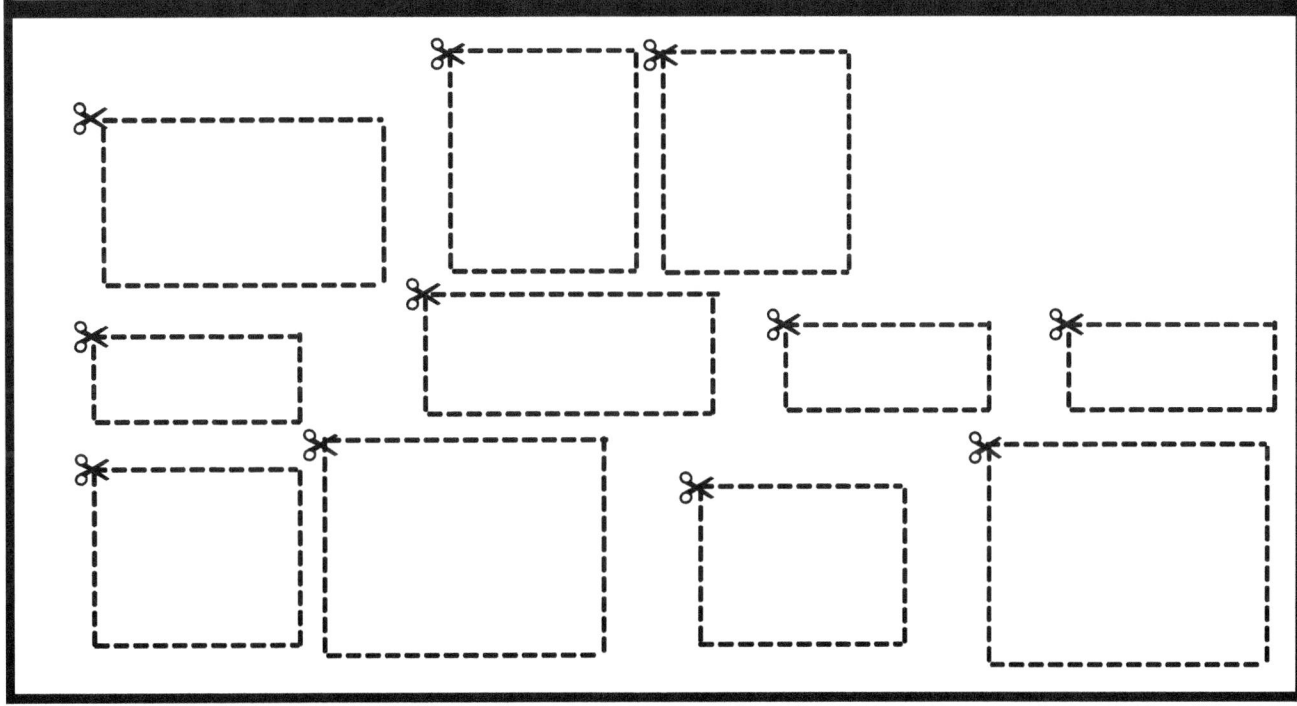

www.ingramcontent.com/pod-product-compliance
Lightning Source LLC
Chambersburg PA
CBHW062356220526
45472CB00008B/1830